Generis

PUBLISHING

DYNAMIQUES DES SYSTEMES SEMENCIERS

Amadou Moustapha BÈYE

Title: **DYNAMIQUES DES SYSTEMES SEMENCIERS**

ISBN: 979-8-89966-334-5

Author: Amadou Moustapha BÈYE

Cover image: Author

Publisher: Generis Publishing
Online orders: www.generis-publishing.com
Contact email: info@generis-publishing.com

DYNAMIQUES DES SYSTÈMES SEMENCIERS ET LEUR TRANSFORMATION

Amadou Moustapha BÈYE

NOTES DE SYNTHÈSE TECHNIQUE SUR LES SYSTÈMES SEMENCIERS ET LEUR TRANSFORMATION

COLLECTION AGRICULTURE FAMILIALE ET DÉVELOPPEMENT DURABLE

La collection a pour mission de sensibiliser les acteurs au développement sur le rôle stratégique de l'agriculture familiale dans la sécurité alimentaire, la préservation de la biodiversité et la promotion de la santé des populations en Afrique et dans le monde. Cette agriculture se caractérise par sa capacité à innover et à fournir des solutions adaptées aux défis nutritionnels et environnementaux. Elle est étroitement liée au cadre social dans lequel elle évolue grâce à des régimes fonciers basés sur des liens de familles, de clans ou de groupes ethniques. Dans ce modèle, la gestion des risques est intégrée de manière organique.

La collection constitue également un réceptacle dynamique destiné à accueillir les jeunes écrivains et à les encourager à publier des ouvrages sur des enjeux scientifiques porteurs d'opportunités de développement et d'auto-entreprenariat, de lutte contre la pauvreté, la malnutrition et les maladies non transmissibles telles que l'obésité, le diabète et certaines formes de cancers.

Table des matières

PREFACE

Dans un contexte marqué par des rendements agricoles faibles et une dépendance croissante aux importations alimentaires, les systèmes semenciers occupent une place centrale dans les nouvelles politiques de développement agricole. Ils constituent le socle de toute transformation durable des systèmes de production, en garantissant l'accès à des semences de qualité, adaptées aux réalités agroécologiques et socioculturelles des pays.

Le présent recueil a été conçu comme un outil de capitalisation et de transmission de savoirs, rassemblant des dispositifs techniques développés au fil de mes engagements au sein d'institutions nationales (ISRA, IRAG, ANADER), internationales (FAO, USAID, AfricaRice, IPGRI, *African Seed Network*) et communautaires (UEMOA, CEDEAO). Il vise à mettre à la disposition des acteurs du secteur agricole — décideurs, chercheurs, formateurs, producteurs et partenaires — une série de notes techniques structurées, à la fois pédagogiques et opérationnelles.

Ces documents, issus d'expériences de terrain et de contributions d'experts engagés, explorent les dimensions clés des systèmes semenciers : sélection variétale, certification, gouvernance, traçabilité et intégration des savoirs paysans. Ils proposent une grille de lecture stratégique permettant de mieux cerner les enjeux, d'identifier les outils existants, et de promouvoir le commerce des semences — qu'elles soient améliorées ou traditionnelles — en valorisant les pratiques endogènes et les technologies de l'information et de la communication.

Ce recueil s'inscrit dans une dynamique de co-construction des connaissances, où la rigueur scientifique épouse les réalités du terrain. Il reflète une volonté partagée de bâtir des systèmes semenciers africains robustes, inclusifs et porteurs de transformation — au service de la souveraineté alimentaire, de la résilience des territoires et de l'autonomisation des agriculteurs.

L'auteur

Photo 1 : Complexité des systèmes semenciers traditionnels

Photo 2 : Lecture de messages SMS de vente en ligne par les productrices de Mbé/Bouaké, Rapport Cyber-semence, 2008

SYNTHÈSE DES SYSTÈMES SEMENCIERS

***

1) Système semencier conventionnel

- Centralisé, piloté par des institutions étatiques.
- Orienté vers l'agriculture industrielle, avec peu de variétés homologuées.
- Faiblement adapté aux exploitations familiales africaines.
- Taux d'adoption très bas en Afrique subsaharienne (3 à 5 %).
- Orienté vers une certification stricte et la maintenance variétale.

2) Systèmes semenciers traditionnels

- Fondés sur les pratiques paysannes ancestrales.
- Principale source de semences (≈ 90 % en Afrique subsaharienne).
- Valorisation des variétés locales et de la biodiversité.
- Absence de traçabilité formelle mais existence de normes informelles.
- Profondément enracinés dans les usages culturels et sociaux.

3) Système semencier communautaire (CBSS)

- Approche intégrée entre rigueur technique et richesse endogène.
- Porté par les Organisations paysannes et les Paysans agents de qualité.
- Concept clé : semences contrôlées en plus de semences certifiées.
- Renforce la professionnalisation, la traçabilité et l'arrimage au marché.
- Favorise la souveraineté semencière via le numérique (ex. www.semence.org).
- Adapté à l'agriculture familiale et aux enjeux de sécurité alimentaire.

4) Cyber-semence – Interface technologique

- Digitalisation des systèmes semenciers (Conventionnel, Traditionnel, Communautaire).
- Archivage des variétés locales et améliorées, géolocalisation des zones de production.
- Suivi du parcours des semences : production, certification, usage.

- Intégration des savoirs endogènes et valorisation communautaire.
- Mise en réseau des producteurs, chercheurs et institutions.
- Outil structurant pour la transparence et la gouvernance inclusive.

5) **Vers un système intégré transformateur**

Le CBSS incarne une dynamique de renforcement local, adaptée aux contextes communautaires, tout en répondant aux impératifs de qualité et de marché. Le Cyber-semence, quant à lui, agit comme un outil technologique, permettant la gouvernance décentralisée, la traçabilité et l'autonomisation des producteurs.

En synergie, ils donnent naissance à un système intégré articulant : (i) Approches empiriques (adaptation locale, diversité génétique) ; (ii) Exigences réglementaires (certification, traçabilité) et (iii) Outils numériques (connectivité, transparence, responsabilisation). Cette complémentarité amorce une refondation du modèle semencier africain, portée par les communautés et projetée vers l'innovation et la souveraineté agricole.

NOTE TECHNIQUE I

Système semencier conventionnel

***

1) Objectifs et principes fondamentaux

Le système semencier conventionnel est un dispositif institutionnalisé visant à fournir des semences certifiées, de qualité supérieure, répondant à des normes officielles. Il repose sur une chaîne organisée allant de la recherche variétale à la distribution, avec un accent sur la traçabilité, la certification et la distribution.

2) Objectifs spécifiques

- Promouvoir des variétés améliorées à haut rendement et résistantes aux stress.
- Protéger l'agriculture contre l'introduction incontrôlée de semences.
- Assurer à l'échelle nationale la qualité génétique, physique et sanitaire des semences.

3) Composantes fonctionnelles

Domaine	**Éléments clés**
Politiques	Engagements étatiques, Crédits agricoles, Subventions, Infrastructures, Volonté politique (ex. Révolution verte)
Législatif & réglementaire	Loi semencière, Catalogue officiel, Certification, Contrôle de qualité, Protection des droits de propriété intellectuelle
Institutionnel	CNS (Comité national semencier), CTS (Comité technique semencier), SSN (Service semencier national), Recherche agronomique, Agences de développement, Organisations professionnelles
Technique	Normes de production, Isolement, Épuration, Fertilisation, Conditionnement, Traçabilité
Commercial	Réseau de distribution, Unités de conditionnement, Plateformes d'information, Crédits de campagne
Environnemental	Homologation des produits phytosanitaires, Normes de traitement, Gestion des risques pour l'homme et l'environnement

4) Composantes techniques du système semencier conventionnel

Composante	Description
Recherche variétale	Sélection et amélioration de variétés par des instituts publics ou privés
Enregistrement des variétés	Inscription au catalogue officiel après évaluation DUS (Distinction, Uniformité, Stabilité) et VATE (Valeur Agronomique, Technologique et Environnementale)
Production de semences	Multiplication en filière hiérarchisée : Semences de prébase → Semences de base → Semences certifiées
Certification	Contrôle officiel de conformité aux normes (pureté, germination, humidité, etc.)
Distribution	Commercialisation via des réseaux agréés (coopératives, agri-multiplicateurs, agro-distributeurs, etc.)
Contrôle et réglementation	Supervision par les services semenciers nationaux (ex. CNS, Interprofessions, Observatoires, etc.)

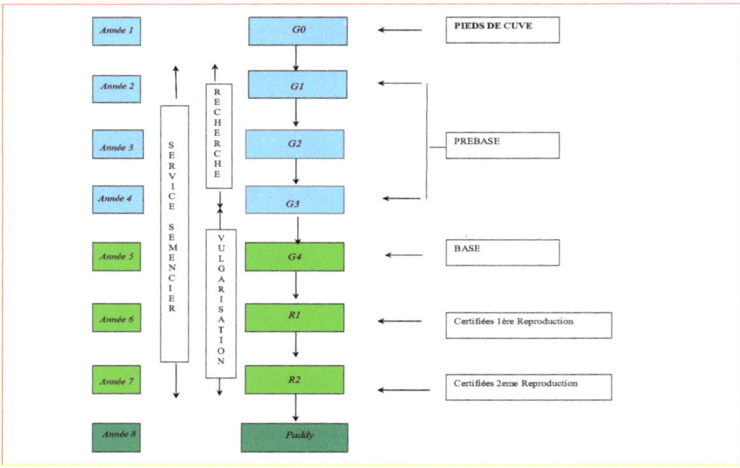

Figure 1 : Schéma semencier conventionnel (Autoproduction améliorée, ADRAO 1998)

5) Acteurs clés

- Instituts de recherche (SNRA, GCRAI, etc.).
- Services semenciers nationaux (ex. Direction des semences).
- Entreprises semencières privées.
- Producteurs multiplicateurs agréés.
- Laboratoires de contrôles.
- Distributeurs agréés.

6) **Avantages du système conventionnel**

- Fiabilité des semences grâce à un contrôle rigoureux.
- Accès à des variétés à haut rendement et résistantes.
- Traçabilité et transparence dans la chaîne de valeur.
- Soutien à l'exportation grâce à la conformité aux normes internationales.

	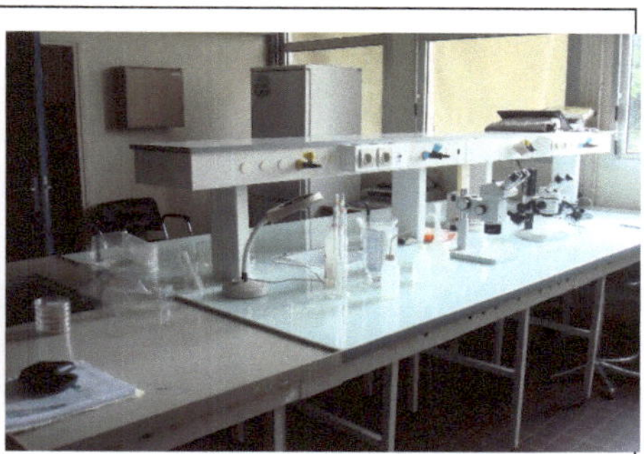
Photo 3 : Inspection de champ semencier, Yabra 2014	***Photo 4 : Laboratoire de semences - LANASEM***

7) **Limites et défis**

<u>Limites du système conventionnel</u>

Malgré son efficacité théorique, le système conventionnel présente en Afrique subsaharienne plusieurs faiblesses, notamment :

- Centralisation excessive, inadaptée à l'agriculture familiale.
- Faible accessibilité aux semences certifiées par les petits producteurs.
- Complexité des procédures d'homologation des variétés.
- Manque de financement, d'infrastructures et de coordination.
- Faible valorisation des innovations locales et des semences paysannes.
- Absence de reconnaissance juridique des systèmes alternatifs.

Défis et Impacts du système conventionnel

Défis	**Impacts**
Faible accessibilité pour les petits producteurs	Coût élevé des semences certifiées
Dépendance aux variétés améliorées	Érosion de la biodiversité locale
Faible implication des communautés	Manque d'appropriation et d'adaptation locale
Lenteur des procédures d'enregistrement	Retard dans la diffusion de nouvelles variétés

8) **Stratégies alternatives émergentes**

Pour pallier ces limites, plusieurs approches alternatives ont été développées:

Stratégie	**Description**
Semences de qualité déclarée (QDS)	Système allégé de certification, basé sur la responsabilisation des producteurs et un contrôle public minimal (10 % des champs).
Label de confiance	Étiquetage informatif contrôlé par l'État, sans certification formelle (Peu utilisé).
Système semencier communautaire (CBSS)	Production de semences dites « contrôlées », Décentralisation du contrôle de qualité avec intervention de TA et PAQ, Valorisation des savoirs endogènes, Diffusion flexible et adaptée via le Cyber-semence.
Développement intégré du secteur semencier (ISSD)	Approche systémique visant à renforcer la complémentarité entre les systèmes formels et informels. Elle promeut la diversité des acteurs, l'inclusivité, la gouvernance locale, et l'accès équitable aux semences de qualité dans différents contextes agroécologiques.

9) **Conclusion**

Le système semencier conventionnel reste un pilier de la modernisation agricole, mais son impact est limité face aux réalités des petits exploitants agricoles. Une articulation intelligente entre système conventionnel et initiatives communautaires est indispensable pour garantir un accès équitable, durable et résilient aux semences de qualité.

NOTE TECHNIQUE II

Systèmes semenciers traditionnels (Cas du riz)

***

1) Objectifs et portée

La présente note technique vise à informer sur les principes, le fonctionnement, les menaces et les stratégies de préservation des systèmes semenciers traditionnels, majoritairement pratiqués par les petits exploitants agricoles en Afrique subsaharienne. Elle s'adresse aux décideurs, aux agences de développement et aux ONG souhaitant :

- comprendre le rôle et la dynamique de ces systèmes ;
- identifier les défis majeurs qui les fragilisent ;
- proposer des mesures d'appui et de valorisation.

2) Fondements des systèmes traditionnels

Autoproduction et échanges

- Sélection massale annuelle des panicules saines et homogènes.
- Autoproduction par les agriculteurs.
- Dons ou prêts de semences entre proches.
- Les fournisseurs sont souvent aussi des producteurs qui opèrent dans leur environnement immédiat. Tous les fournisseurs sont connus. Le recours au marché est exceptionnel.

Certification sociale

- Validation informelle par la communauté, basée sur la réputation et la confiance.

Adaptation aux contextes locaux

- Choix de variétés locales en fonction des sols, du climat, de la culture et des usages (nutritionnels, médicinaux, culturels,…)

3) **Rôle socio-culturel et économique**

Sécurité alimentaire

- Couverte par des semences alimentaires à environ 80 – 95 %[1].

Valeurs additionnelles

- Nutritionnelles, médicinales, culturelles et spirituelles.
- Conservation de l'agrobiodiversité et des savoirs traditionnels.

Gestion des risques

- Variétés adaptées aux stress (sécheresse, inondations, ravageurs,…).
- Utilisation de faibles niveaux d'intrants et résilience face aux perturbations.

4) **Sélection et conservation**

Critères de sélection paysanne

Critères paysans	**Critères scientifiques**
Goût, Qualités culinaires, Dormance, Arôme	Rendement, Cycle, Résistance, DHS / VATE
Stockage sans insecticides, Digestibilité, Gonflement, Temps de cuisson	Morphologie, Poids, Qualité technologique
Usages médicinaux et rituels, Valeurs spirituelles / croyances, Valeurs médicinales	Valeurs nutritionnelles, Analytiques

Méthodes de conservation

- Stockage fermé/semi-fermé (Casiers, Paniers, Greniers en terre / banco ou végétaux, Biopesticides parfois employés).
- Stockage ouvert (zone forestière).
    - Bottillons suspendus ou sur faux plafonds chauffés et enfumés.
    - Maintien faible taux d'humidité (< 14 %).
    - Effets insecticides de la fumée.

[1] *Systèmes Semenciers Paysans : Fondement de la résilience climatique, de la souveraineté et de la durabilité des systèmes alimentaires en Afrique, 2025.*

Photo 5 : Infrastructures de conservation de semences et de paddy

5) **Menaces pesant sur ces systèmes**

Non-reconnaissance légale

- Les législations nationales les assimilent à des « semences paysannes ou réserves personnelles », non certifiées donc, non autorisées pour le grand commerce.
- Méconnaissance des savoirs locaux.
- Insuffisance de documentation et de valorisation scientifique.

Érosion génétique

- Abandon des variétés locales au profit d'hybrides et de variétés exotiques.
- Difficultés d'adaptation à l'environnement (salinisation des terres et des eaux, diminution des jachères).

6) **Stratégies de préservation et d'appui**

Banques communautaires de semences

- Conservation *ex-situ* et *in-situ*, accès et échanges sécurisés.

Responsabilisation de gardiens de semences

- Familles ou autorités traditionnelles chargées de maintenir le patrimoine génétique.

Systèmes de coupons (« *vouchers* »)

- Bons échangeables contre semences et intrants en périodes de crises.

Programmes semences d'urgence

- Kits de semences + matériels.
- Formations pour le renforcement de l'autonomie.

7) **Conclusions et recommandations**

Les systèmes semenciers traditionnels constituent un pilier de la résilience et de la sécurité alimentaire. Pour optimiser leur impact, il est recommandé de :

- reconnaître et intégrer légalement ces systèmes semenciers traditionnels dans les politiques nationales semencières ;
- soutenir la documentation des savoirs locaux et leur diffusion via des formations participatives ;
- développer des partenariats public-privé-communautaires pour la mise en place de banques de semences décentralisées ;
- allouer des fonds spécifiques pour l'appui technique, logistique et financier aux gardiens communautaires.

En combinant reconnaissance institutionnelle et renforcement participatif, il est possible de préserver la diversité génétique tout en améliorant les conditions d'accès aux semences.

NOTE TECHNIQUE III

CBSS – Une approche inclusive pour renforcer les systèmes semenciers locaux

***

1) Contexte et justification

- Le système semencier conventionnel reste marginal en Afrique subsaharienne (3–5 % d'utilisation).
- Les systèmes traditionnels fournissent jusqu'à 90–95 % des semences utilisées par les producteurs.
- Le CBSS vise à intégrer les avantages des deux systèmes (traditionnels et conventionnels) pour répondre aux besoins des petites exploitations agricoles.

2) Fondements du CBSS

- Conçu pour adapter les programmes semenciers aux réalités locales : diversité des cultures, petites parcelles dispersées, absence d'isolement variétal.
- Intègre des dimensions socio-économiques, socioculturelles et environnementales dans la production, la conservation et la diffusion des semences.

3) Particularités du CBSS

- Valorise les semences paysannes via le concept de semences dites «contrôlées ».
- Complémentaire au système conventionnel : combine sécurité alimentaire, biodiversité et accès au marché.
- Favorise la professionnalisation des groupements semenciers et la traçabilité des semences.

4) **Organisation du CBSS**

<u>Deux composantes :</u>

Nos	Système	Démarche	Gestion	Objectif principal
1	**Centralisé**	Conventionnelle	Institutions publiques	- Certification des bases (G3) - Base de données nationale
2	**Décentralisé**	Communautaire	Organisations paysannes	- Production et diffusion locale de semences « contrôlées » via les Cyber-semences. - Décentralisation du contrôle de qualité

<u>Principes clés</u>

- Décentralisation du contrôle qualité.
- Collecte et diffusion locale de l'information.
- Mise en place d'un système de traçabilité.
- Appui à la transformation des groupements semenciers en entreprises semencières rurales.

5) **Rôles des acteurs**

<u>Producteurs</u>

- Engagement envers les OPA[2] et les PAQ[3].
- Respect des normes de qualité (champs propres, bonnes pratiques agricoles, détourage).

<u>Organisations Paysannes</u>

- Fourniture d'intrants.
- Regroupement et commercialisation des semences.
- Suivi des parcelles et gestion des stocks.
- Transmission des données aux plateformes numériques (ex. Cyber-semence).

[2] Organisations Paysannes Agricoles
[3] Paysans Agents de Qualité

6) Promotion des variétés traditionnelles

- En zones irriguées, le marché est souvent orienté vers les variétés améliorées.
- En zones pluviales, les variétés locales dominent. Elles sont destinées à l'autoconsommation.
- Importance de créer des marchés de niches pour les variétés à haute valeur nutritionnelle (ex. variétés à caryopses colorés, variétés riches en antioxydants).
- Nécessité d'un conditionnement uniforme et d'une traçabilité rigoureuse.

7) Intérêts nutritionnels et socio-culturels

- Riz à caryopses rouges et noirs riches en fibres, minéraux (magnésium, phosphore, fer, zinc), vitamines et antioxydants.
- Fort ancrage culturel : usages rituels, médicinaux et festifs.
- Potentiel pour renforcer la sécurité alimentaire et la résilience nutritionnelle.

8) Recommandations stratégiques

- Intégrer les savoirs endogènes dans les programmes semenciers.
- Adapter les technologies et les systèmes de contrôle de qualité aux réalités locales.
- Renforcer les capacités des PAQ, TA[4], Producteurs et OPA.
- Promouvoir une intensification agricole durable et inclusive.

---

[4] *Techniciens Agréés*

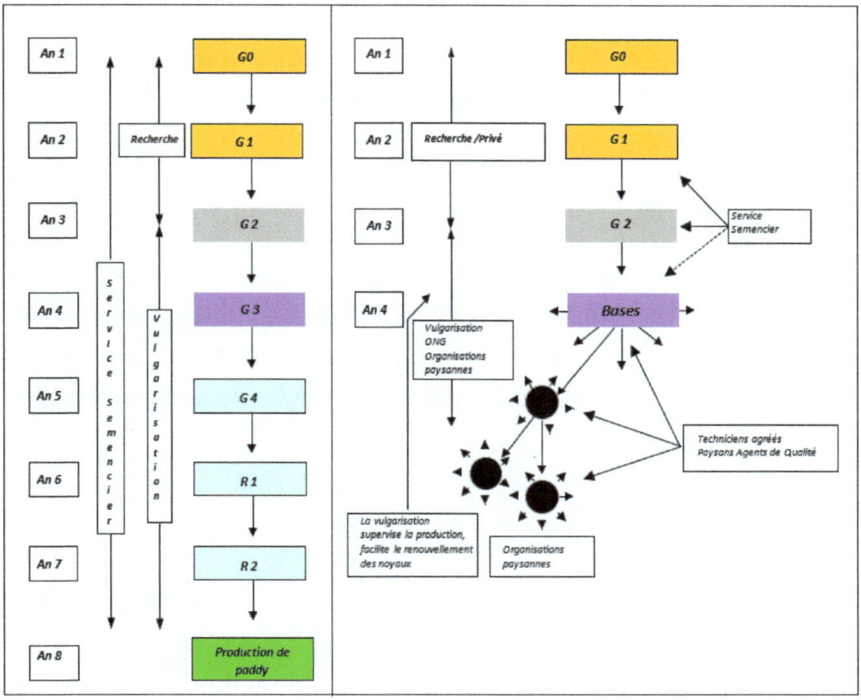

Figure 2 : Comparaison des schémas semenciers conventionnel et communautaire

9) Conclusion

Le CBSS constitue une alternative stratégique au système conventionnel, particulièrement adaptée aux zones pluviales. Il permet :

- une meilleure appropriation locale des semences ;
- la valorisation des savoirs traditionnels ;
- une réponse inclusive aux enjeux de sécurité alimentaire, de biodiversité et de développement rural.

NOTE TECHNIQUE IV

Agriculture familiale et certification sociale

***

1) Objectif général

Promouvoir la reconnaissance de l'agriculture familiale et des semences paysannes à travers un système de certification sociale, en intégrant les savoirs endogènes, la traçabilité, et la professionnalisation des producteurs dans une logique de souveraineté alimentaire et de développement durable.

2) Points clés

Agriculture familiale

- Repose sur le travail familial non salarié, la diversité des cultures et l'ancrage territorial.
- Joue un rôle crucial dans la préservation de la biodiversité, la sécurité alimentaire et la résilience climatique.
- Les femmes y jouent un rôle central : elles assurent la conservation des semences, la transformation des produits agricoles et la transmission des savoirs endogènes, assurant la continuité culturelle et la résilience des communautés.

Système semencier conventionnel

- Basé sur des normes internationales strictes (DHS, VATE, certification).
- Peu adapté aux réalités des petits agriculteurs : centralisé, coûteux, peu inclusif.
- Nécessite des alternatives pour les zones pluviales et les variétés locales.

Systèmes semenciers traditionnels

- Basés sur l'autoproduction, les échanges sociaux et la sélection massale.
- Intègrent des valeurs culturelles, nutritionnelles et médicinales.
- Menacés par les législations officielles, l'érosion génétique et la marginalisation.

Système semencier communautaire (CBSS)

- Intègre les forces des systèmes traditionnels et conventionnels.
- Met en avant la notion de « semence contrôlée » en plus de « semence certifiée ».
- S'appuie sur l'intervention des Paysans agents de qualité (PAQ) et des Techniciens Agréés (TA) pour le contrôle décentralisé sous la supervision à distance des Inspecteurs semenciers.

Certification sociale

- Processus communautaire de validation des semences basé sur l'observation et la validation collective, la confiance et la traçabilité.
- Complète les certifications officielles en valorisant les savoirs endogènes.
- Permet la reconnaissance des semences paysannes dans les circuits commerciaux.

Gestion décentralisée de l'information via les Cyber-semences

- Plateforme numérique de gestion et de diffusion de données sur les semences (variétés, qualité, volumes, disponibilité, prix).
- Favorise la transparence, la traçabilité et la mise en marché des semences paysannes.
- Appuie la professionnalisation des coopératives et la structuration des filières.

3) **Conclusion**

La technique de certification sociale propose une refondation du système semencier africain à partir des réalités paysannes. Elle plaide pour une reconnaissance institutionnelle de la certification sociale, une décentralisation du contrôle de qualité et une valorisation des semences paysannes à travers des outils numériques comme les Cyber-semences.

NOTE TECHNIQUE V

Plaidoyer pour la certification sociale

***

1) Objectif du plaidoyer

Promouvoir l'intégration officielle de la certification sociale dans les politiques semencières nationales et régionales afin de :

- valoriser les semences paysannes et les savoirs endogènes ;
- renforcer la souveraineté alimentaire ;
- structurer des filières semencières inclusives, durables et traçables ;
- reconnaître la certification sociale comme un levier de souveraineté alimentaire et de développement durable.

2) Limites du système semencier conventionnel

- Centralisé, coûteux, peu adapté aux réalités des petits producteurs.
- Faible couverture des besoins en semences (moins de 10 % dans certaines zones).
- Marginalisation des variétés locales et des pratiques paysannes.
- Absence de reconnaissance juridique des semences issues des systèmes traditionnels.

3) Certification sociale : une alternative crédible et rigoureuse

Processus communautaire d'évaluation de la qualité des semences basé sur:

- observations collectives des champs semenciers ;
- validation sociale des variétés (goût, adaptation, résistance, valeurs culturelles) ;
- traçabilité locale et transparence ;
- complète les certifications officielles en zones pluviales et à faible densité d'infrastructures ;
- permet la reconnaissance des semences paysannes comme biens marchands.

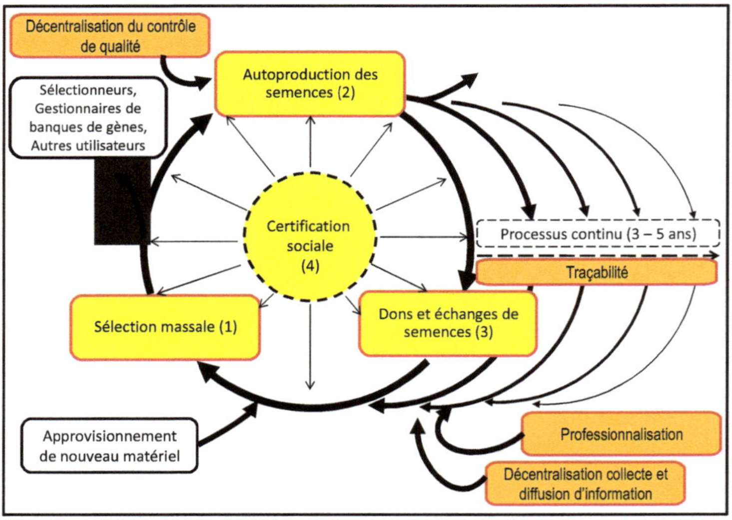

NB :

- *En jaune : ce qui se fait actuellement*
- *En orange : Techniques nouvelles décentralisées permettant une bonne valorisation des variétés locales*

4) Dispositif opérationnel proposé

- Création de corps de Paysans agents de qualité (PAQ) et de Techniciens Agréés (TA).
- Décentralisation du contrôle de qualité au niveau des terroirs villageois.
- Intégration des Cyber-semences pour la gestion numérique des stocks, la traçabilité et la commercialisation des semences.
- Reconnaissance des semences dites « contrôlées » dans les textes réglementaires.

5) Impacts attendus

Domaine	Effets positifs
Production	Amélioration de l'accès aux semences de qualité, Réduction des pertes post-récoltes.
Économique	Création de nouveaux emplois ruraux, Développement d'entreprises semencières locales.
Environnemental	Préservation de la biodiversité, Adaptation aux changements climatiques.
Social	Renforcement des capacités locales, Inclusion des femmes et des jeunes.
Institutionnel	Allègement des charges des systèmes semenciers nationaux, Meilleure gouvernance semencière.

6) Recommandations politiques

- Intégrer la certification sociale dans les lois semencières nationales et les cadres harmonisés de la CEDEAO / UEMOA.
- Créer un statut juridique pour les semences paysannes et les variétés traditionnelles.
- Soutenir la formation et l'agrément des PAQ et TA.
- Financer le Cyber-semence comme outil de traçabilité et de transparence.
- Promouvoir les marchés de niches pour les variétés à caractéristiques spécifiques (valeurs nutritionnelles, médicinales ou culturelles).

NOTE TECHNIQUE VI

Vision intégrée : CBSS + Cyber-semence + Traçabilité numérique

***

1) Contexte historique de la naissance du CBSS et du Cyber-semence

En 1997, l'Autoproduction améliorée avait été lancée à l'ISRA / Sénégal pour optimiser la sélection paysanne et la conservation des semences, notamment des variétés locales par la formation des agriculteurs à la maîtrise des techniques pour garantir une bonne homogénéité des semences et un bon taux de germination.

En 1998, le terme SSC (Système semencier communautaire) a été choisi à l'ADRAO (actuel *AfricaRice*) pour assurer une bonne structuration des systèmes semenciers locaux. Par la suite, l'appellation CBSS (*Community-Based Seed System*) a été adoptée pour professionnaliser et harmoniser le modèle SSC à l'échelle régionale. Des tests ont ainsi été menés sur financements de la Banque mondiale, de l'USAID et du FIDA, en Afrique de l'Ouest et du Centre, dans plusieurs pays (Côte d'Ivoire, Nigéria, Sénégal, Cameroun, Tchad et République centrafricaine (RCA).

À partir de 2005, au vu des résultats positifs obtenus par le CBSS en Côte d'Ivoire et au Sénégal, un outil digital dénommé Cyber-semence - www.semence.org - a été créé et mis en œuvre pour digitaliser la collecte, l'étiquetage et le suivi des lots de semences « certifiées » par les organes officiels des ministères de l'agriculture ou « contrôlées » par les techniciens agréés et paysans agents de qualité des OPA.

2) Objectif du Cyber-semence

Moderniser les systèmes semenciers traditionnels en combinant savoirs endogènes, innovation numérique, et outils participatifs pour renforcer la sécurité alimentaire, la biodiversité et l'autonomie des communautés agricoles.

3) Tableau comparatif des supports d'accompagnement

Nos	Terme utilisé	Année	Signification	Portée initiale	Portée actuelle
1	Autoproduction améliorée	1997	Pratiques optimisées de production et de conservation des semences	Sélection paysanne, Echanges informels	Base technique pour SSC et CBSS
2	SSC	1998	Système Semencier Communautaire	Structuration locale francophone	Référence historique expliquée dans le contexte
3	CBSS	2000	*Community-Based Seed System*	Normes Assurance qualité (AQS), Certification sociale	Système intégré, inter-opérable, reconnu régionalement
4	Cyber-semence	2005	Plateforme numérique de traçabilité et de gestion des semences	Prototype digital	Outil central de suivi du CBSS, Codes QR, Rapports PWA (Progressive Web App)

4) Premiers résultats obtenus

La nécessité de rendre opérationnelle la filière semencière a emmené les États à aller plus loin dans le transfert des compétences vers des structures décentralisées, notamment les associations de producteurs (groupements, unions, interprofessions). Pour ce faire, le concept de contrôle de qualité décentralisé a été créé. Il est conduit au niveau des périmètres irrigués par des Techniciens agréés (cas par exemple du Fleuve Sénégal où les contrôles au champ sont effectués par ces techniciens pour un coût de 28000 FCFA/ha). Par contre, dans les zones pluviales, l'implication des Paysans agents de qualité travaillant sous la supervision des Techniciens agréés, a été jugée nécessaire (Figure 3).

Les premières expériences à grande échelle du modèle ont été conduites en Côte d'Ivoire en 2005 grâce à la création d'un corps de 10 Techniciens agréés et de 50 Paysans agents de qualité chargés du suivi régulier des parcelles de production et des stocks de semences en relation avec le service semencier national et les directions de l'agriculture et de l'ANADER.

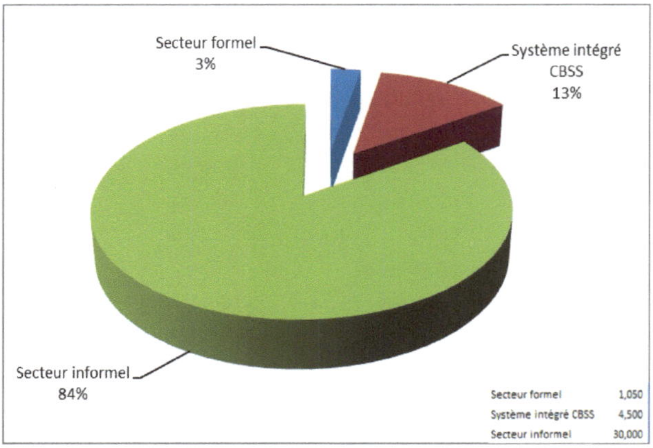

Figure 3 : Données de production de semences, MINAGRI Côte d'Ivoire, 2010

5) **Réorientation des missions des services semenciers nationaux**

- Formation des inspecteurs, contrôleurs, techniciens agréés et paysans agents de qualité.
- Certification des prébases et bases.
- Contrôles contradictoires par sondage de 10% des superficies.
- Supervision à distance de la collecte et de l'enregistrement des données.

6) **Caractéristiques du Système semencier communautaire (CBSS)**

- Pilier de la production décentralisée de semences, valorisant les variétés locales et les pratiques paysannes.
- Inclusif : intègre agriculteurs, organisations paysannes, PAQ, TA et institutions publiques.
- Flexible : adapté aux zones pluviales et aux logiques d'autoconsommation, tout en créant des débouchés commerciaux.

Le CBSS n'est pas un simple système communautaire mais plutôt un dispositif structuré, ancré dans les savoirs paysans, connecté aux normes formelles et renforcé par des outils numériques de traçabilité.

7) **Caractéristiques de la Plateforme Cyber-semence**

- Outil numérique de gestion communautaire des semences.
- Fonctionnalités clés :
  - traçabilité des lots (variétés, provenance, qualité) ;
  - suivi des stocks et des parcelles semencières ;
  - mise en réseau des producteurs et OPA ;
  - partage d'informations sur les rendements, les disponibilités de semences et les prix pratiqués.
- Interface communautaire :
  - accessible via les radios rurales, les smartphones, les tablettes et les points numériques.

8) **Traçabilité du système semencier**

- Retrace le parcours de la semence : du champ à l'utilisateur final.
- Renforce la confiance du marché (identification du producteur, historique agronomique du champ semencier, type de semence).
- Ouvre l'accès à des niches commerciales : valorisation nutritionnelle, étiquetage intelligent, logistique intelligente.

9) **Pourquoi ce changement est-il important ?**

- De l'analogique au numérique : Cyber-semence permet la saisie et la consultation en temps réel des données semencières.
- Renforcement de la traçabilité : Codes QR, registres électroniques et historiques de lots garantissent la transparence.
- Participation et gouvernance : Comités locaux peuvent valider et corriger les données depuis leurs téléphones mobiles, tablettes ou une interface web.
- Alignement stratégique : Positionnement comme alternative crédible aux filières conventionnelles, favorisant partenariats et financements.

10) Étapes majeures

- Initialisation : Création des identifiants producteurs, parcelles et lots dans le Cyber-semence.
- Collecte de données de terrain : Saisie des données, multiplication, récoltes et opérations post-récoltes via l'app mobile.
- Étiquetage : Génération et fixation des codes QR sur chaque sac ou paquet de semences.
- Validation : Organisation de sessions de Comités locaux pour contrôler et approuver les fiches numériques.
- Analyse : Consultation du tableau de bord pour le suivi des volumes, rendements et alertes qualité.

11) Enregistrement des acteurs

- Identification des producteurs semenciers, multiplicateurs, comités villageois.
- Attribution d'un identifiant unique (ID producteur, ID parcelle, ID lot).

Tableau 1 : Parcours numérique de la semence : collecte, contrôle et distribution

Étape	Données collectées	Outils numériques
Sélection variétale	Nom local, Origine, Critères de sélection	Fiche numérique participative
Multiplication	Parcelles, Pratiques culturales, Intrants utilisés	Journal de culture numérique
Récolte	Dates, Rendement, Conditions de récolte	Formulaire mobile
Post-récolte	Séchage, Tri, Stockage, Traitements	Module de suivi qualité
Distribution	Bénéficiaires, Quantités, Zones desservies	Code QR ou Reçu numérique

11) Traitement de l'information collectée

L'information est traitée selon le canevas suivant :

Collecte ⟶ Saisie ⟶ Traitement ⟶ Agrégation ⟶ Diffusion

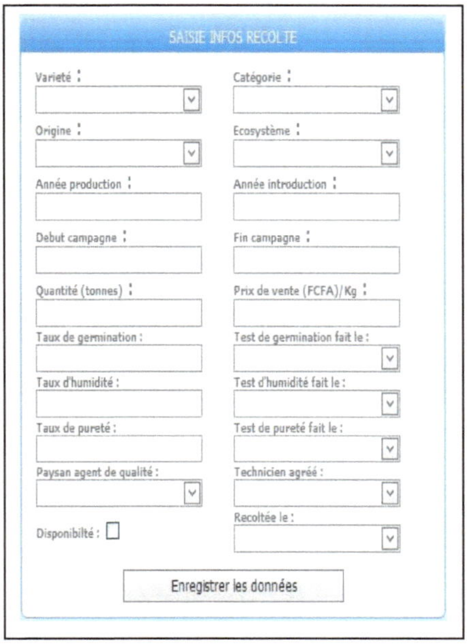

Figure 4 : Fiche de saisie de données

Figure 5 : Rapport disponibilité semences

12) Gouvernance communautaire et validation

- Mise en place d'un Comité local de validation des données (Producteurs, Techniciens, Ministères, Autorités traditionnelles).
- Rôle : vérifier les données, certifier les lots, résoudre les litiges.
- Intégration de mécanismes de retour d'expériences des utilisateurs finaux.

13) Tableau de bord et indicateurs clés

- Pourcentage de traçabilité par variété ou par zone.
- Nombre de producteurs enregistrés.
- Volumes de semences échangés ou vendus.
- Taux de satisfaction des utilisateurs.
- Alertes sur les pertes post-récoltes ou les ruptures de stocks.

14) **Modules clés du tableau de bord**

Module	Fonctionnalités principales	Utilisateurs cibles
1) Traçabilité des semences	- Suivi lots (Origine, Variété, Date, Producteur) - Code QR pour chaque lot - Historique des mouvements	Producteurs, Facilitateurs, Autorités
2) Statistiques de production	- Volumes produits par variété et par zone - Taux de germination, Pureté, Humidité - Alertes sur les anomalies	Inspecteurs semenciers, Techniciens, Chercheurs, Décideurs
3) Carte interactive	- Localisation des Producteurs, Points de vente, Zones de distribution - Cartographie des zones agroécologiques	Tous les acteurs
4) Certification sociale	- Suivi des étapes de certification (Variétale, Technique, Sanitaire) - Validation communautaire - Historique des audits	Facilitateurs, Comités locaux, Autorités
5) Indicateurs socio-économiques	- Nombre de Producteurs impliqués - Revenus générés - Taux d'adoption des variétés	Décideurs, Bailleurs, ONG
6) Alertes & résilience	- Alertes sur stocks faibles, Maladies - Conditions climatiques - Conseils adaptés selon la zone	Producteurs, Techniciens
7) Espace communautaire	- Forum de discussions - Partage de bonnes pratiques - Sondages communautaires	Producteurs, Facilitateurs

15) **Étiquetage intelligent**

- Génération de codes QR ou codes alphanumériques pour chaque lot de semences.
- Lien vers une fiche numérique consultable (origine, pratiques, tests qualité).

16) **Impacts attendus**

- Réduction des pertes post-récoltes et meilleure adaptation au changement climatique.
- Boucle de rétroaction entre producteurs et utilisateurs.
- Capitalisation des savoirs locaux et des performances variétales.
- Amélioration de la qualité des semences locales et leur valorisation scientifique et commerciale.
- Émergence de micro-entreprises semencières rurales.
- Protection des ressources génétiques communautaires.

17) **Vision intégrée : vers un système souverain et collaboratif**

- Autonomisation communautaire grâce à la maîtrise des outils numériques.
- Renforcement des politiques publiques par l'évidence générée via les données.
- Optimisation de la résilience agricole par l'interconnexion entre savoirs traditionnels et intelligence numérique.

Tableau 2 : Composants de la Vision intégrée

Composant	Rôle spécifique	Synergie attendue
CBSS	Production décentralisée et biodiversité	- Alimente le cyber-semence avec les données locales - Centré sur les communautés locales et leurs savoirs - Valorise la biodiversité et l'autonomie des agriculteurs - Encourage la participation, l'échange et la sélection variétale adaptée aux contextes locaux
Cyber-semence	Gestion numérique communautaire	- Plateforme numérique pour la transparence, la traçabilité et l'accès à l'information - Intègre des données sur la certification, les caractéristiques agronomiques et les réseaux de distribution - Facilite la gouvernance et la prise de décision participative
Traçabilité numérique	Transparence et valorisation commerciale	- Suivi précis des flux semenciers, de la production à l'utilisation finale - Réduction des risques de fraudes - Amélioration de la qualité et de la sécurité sanitaire - Valorisation des pratiques responsables et des filières locales - Amélioration de la compétitivité

18) **Conclusion**

L'évolution de 1997 à 2005 illustre le passage d'une démarche purement technique à un système communautaire structuré, puis à une plateforme numérique moderne, où Cyber-semence catalyse traçabilité, professionnalisation et gouvernance participative.

NOTE TECHNIQUE VII

Présentation du Manuel du Technicien CBSS (Publié en 2010)
Fiche opérationnelle

***

1) Approche CBSS : Fondement et orientation

- Origine : le CBSS est né pour combler les lacunes du système semencier conventionnel, notamment en matière d'accessibilité, de coût, et d'adaptation aux réalités locales.
- Philosophie : basé sur l'autoproduction améliorée, la valorisation des savoirs locaux et la responsabilisation communautaire.
- Structure : articulé autour des prébases et bases certifiées, ainsi que des semences « contrôlées ».
- Rôle central : les organisations paysannes et les paysans innovateurs (devenus PAQ) sont les piliers du système.

2) Cyber-semence : Numérisation du système semencier

- Fonction : plateforme numérique visant la traçabilité, la transparence et le partage d'information.
- Complémentarité du CBSS :
    - renforce la gestion décentralisée des stocks et des besoins en semences ;
    - facilite le suivi participatif et la certification sociale par les communautés ;
    - permet une cartographie dynamique des acteurs semenciers villageois.

3) **Technicien Agréé (TA) – Rôle terrain**

Responsabilités principales

- Superviser la mise en œuvre du Programme national semencier auprès des producteurs.
- Réaliser localement les tests de germination et de pureté variétale.
- Valider les pratiques culturales : isolement, épuration, séchage, battage, vannage, détourage.
- Saisir et transmettre les données sur la plateforme Cyber-semence / Observatoire des semences.
- Appuyer les initiatives communautaires de certification sociale.
- Participer aux ateliers pratiques *in-situ* et à l'évaluation des semences initiales.

Outils de travail

- Fiches de saisie de données standardisées.
- Échantillons étalons et loupe pour tests de pureté.
- Matériel de test de germination (assiettes, étoffes, buvards).
- Accès à la plateforme numérique pour saisie et visualisation.

4) **Inspecteur – Rôle à distance**

Responsabilités principales

- Contrôle de qualité à distance via les indicateurs remontés par les TA.
- Analyse de la conformité des données avant saisie sur la Plateforme / Observatoire.
- Rétroaction aux TA pour ajustements techniques ou protocolaires.
- Appui à la traçabilité des semences sur le territoire national.
- Suivi des demandes en semences initiales et gestion des renouvellements.

Outils de travail

- Tableaux de bord automatisés (qualité, stocks, besoins).
- Supports de collecte de données (tablettes, téléphones androïdes)
- Grilles d'évaluation standard des lots communautaires.
- Accès aux modules de certification sociale et aux validations communautaires.

5) **Flux d'interactions**

- Producteur ⟶ TA : Mise en œuvre du Programme semencier.
- TA ⟶ Inspecteur : Transmission des données qualité.
- TA ⟶ Observatoire : Saisie des données semencières (qualité, stocks, demandes).
- Inspecteur ⟶ Observatoire : Contrôle, validation et alertes.
- Observatoire ⟶ Ministère / Programmes : Agrégation, visualisation stratégique.

6) **Protocoles clés à respecter**

Étape	**TA**	**Inspecteur**
Vérification des seuils qualité (germination > 80 %, pureté > 90 %)	+	Supervision
Saisie numérique conforme	+	Supervision
Feedback technique ou décision corrective	+	+
Animation des ateliers de formation	+	-
Validation sociale par les communautés	+ (Appui)	Supervision

7) **Suivi et Traçabilité**

- Les semences suivies par les TA doivent être géolocalisées et datées dans le système.
- Les échanges intra-villageois (dons, prêts, ventes) peuvent être intégrés en options.
- Les demandes exprimées sont croisées avec les stocks disponibles pour ajuster les productions futures.

FICHE TECHNIQUE

Présentation du Guide du Paysan agent de qualité (Publié en 2010)

***

1) Qu'est-ce qu'un Paysan agent de Qualité (PAQ) ?

Un Paysan agent de qualité (PAQ) est un acteur clé du système CBSS. Formé aux bonnes pratiques semencières, il assure le suivi et le contrôle de qualité des semences au sein de sa communauté, sous la supervision de Techniciens agréés et d'Inspecteurs semenciers.

2) Missions principales

Contrôler les parcelles semencières

- Vérifier l'isolement, la pureté variétale et l'état sanitaire.
- Mesurer la densité de semis et la présence d'adventices.

Assurer le suivi post-récolte

- Mesurer l'humidité et la germination durant le stockage.
- Contrôler la pureté physique et éliminer les grains hors-types.

Collecter et gérer les données sous la supervision de Techniciens agréés

- Enregistrer variétés, rendements, résultats des tests.
- Saisir les informations dans le Cyber-semence pour traçabilité.

Participer à la certification communautaire

- Organiser et animer les Comités locaux de validation des données.
- Faciliter les audits participatifs et la délivrance de labels CBSS.

3) Compétences et qualités requises

- Connaissances agronomiques de base.
- Maîtrise des protocoles de tests de germination et d'humidité.
- Sens de l'organisation et rigueur dans la saisie des données.

- Capacités de communication pour animer des réunions locales.
- Esprit d'observation et aptitude à repérer anomalies et adventices.

4) Équipements requis

- Vélo, humidimètre, loupe, cordes de mesure, cadre de carré de rendement, catalogue variétal, talons de référence, catalogues des variétés améliorées et traditionnelles, etc.

5) Normes et Contrôles Techniques

Paramètres	**Normes pour semences certifiées**	**Normes CBSS (semences contrôlées)**
Germination	≥ 98 %	≥ 80 %
Pureté physique	≥ 98 %	≥ 90 %
Humidité (stock)	≤ 12 %	≤ 13 %
Hors-types	≤ 0,3 %	≤ 0,3 %
Adventices dangereuses	≤ 0,01 %	0 %

Contrôles

- En culture : isolement, pureté variétale, état sanitaire, densité des plants, mauvaises herbes.
- À la récolte : prévisions de rendement, comptage de panicules par plant, quantité de grains, nombre de touffes.
- Au stockage : humidité, germination, pureté.

Tests de qualité

- Tests de germination : 4 lots de 100 graines, taux ≥ 80 % recommandé.
- Tests d'humidité : idéalement 13–14 % pour le riz.
- Tests de pureté : calcul en grammes de semences pures dans 1 kg d'échantillon.

6) **Cyber-semences : Innovation clé**

- Collecte de données par les PAQ (variété, taux de germination, humidité, prix, etc.).
- Agrégation par région, type de variété, catégorie de semence.
- Diffusion via Internet, radios communautaires, SMS.
- Objectifs : traçabilité, marketing, valorisation de variétés améliorées et traditionnelles.

7) **Conclusion**

Pour pérenniser le dispositif, il est essentiel d'assurer la formation continue des PAQ et des Techniciens agréés, d'encourager l'installation des Comités locaux de validation des données et de mobiliser les partenaires techniques et financiers. Ainsi, le système CBSS, soutenu par les Cyber-semences, pourra évoluer vers une véritable filière semencière communautaire, robuste, traçable et reconnue à l'échelle nationale et internationale.

NOTE TECHNIQUE IX

Présentation du Guide du Facilitateur (Publié en 2010)

***

1) Qu'est-ce qu'un Facilitateur

Un facilitateur est un acteur qui organise, anime et coordonne les activités de formation, d'échange et de prise de décisions au sein d'un groupe qui utilise le CBSS. Il sert de lien entre les producteurs, les techniciens, les paysans agents de qualité et autres partenaires.

2) Missions principales

- Planifier et conduire les ateliers participatifs.
- Présenter les concepts de CBSS, Assurance Qualité Semencière (AQS) et Cyber-semence.
- Encourager la co-conception d'outils et de protocoles locaux.
- Recueillir et synthétiser les retours d'expériences des semenciers.
- Accompagner les PAQ et les comités locaux dans l'utilisation des plateformes numériques.

3) Compétences et qualités requises

- Maîtrise des méthodologies participatives (World café, Arbre à problèmes, etc.).
- Aptitude à animer des groupes hétérogènes et à garantir l'inclusion.
- Connaissances de base en agronomie et en certification des semences.
- Sens de l'écoute, diplomatie et capacité à gérer les contradictions.
- Aisance avec les outils numériques et la formation des adultes.

4) Outils et ressources

- Guides méthodologiques CBSS et Assurance qualité (AQS).
- Modules de formation Cyber-semence (application mobile et tableau de bord).
- Supports visuels : fiches techniques, posters et capsules vidéos.

- Fiches de suivi et grilles d'évaluation des ateliers.
- Plateforme collaborative en ligne pour partager documents et retours.

5) **Parcours de formation**

La formation vise à :

- outiller les Facilitateurs pour conduire les trois grands types d'ateliers du CBSS ;
- structurer un système semencier décentralisé, ancré dans les pratiques paysannes ;
- renforcer les capacités techniques, organisationnelles et institutionnelles des producteurs ;
- promouvoir la professionnalisation et l'émergence d'entreprises semencières rurales.

Le Facilitateur doit être outillé pour mener les trois grands types d'ateliers :

Atelier	**Objectif**	**Durée**	**Cibles**
Atelier d'Inception (Méthodes d'animation participative : Diagnostic participatif, ZOPP[5], Arbre à problèmes, Plénières)	Structurer le CBSS (Comprendre rapidement les enjeux agricoles, sociaux et économiques d'un territoire, Identifier les contraintes et opportunités locales pour orienter les interventions, Mobiliser les acteurs (producteurs, autorités, ONG), Favoriser une prise de décision informée et adaptée au contexte)	3 - 4 jours	Responsables semenciers, Techniciens, Producteurs
Atelier pratique *in-situ*	Identifier les contraintes techniques, Partager les savoirs. Organisation de séances de posters au terme de l'atelier	Demi-journée (1h/localité)	Producteurs, Techniciens
Atelier d'évaluation & de sensibilisation	Renforcer les capacités organisationnelles, Planifier la campagne agricole, Favoriser le développement d'entreprises semencières et la commercialisation des semences de qualité (Budget de culture, Marketing, Exploitation du Cyber-semence)	Demi-journée /localité	OPA, Techniciens, Autorités

[5] *Méthode de planification des projets par objectifs*

Tableau 3 : Comparaison du système conventionnel et du CBSS

Critères	Système conventionnel	CBSS
Pilotage	Ministère, Recherche, Privé	Paysans, ONG, vulgarisation
Objectif	Production de semences certifiées	Disponibilité locale de semences contrôlées
Certification	Formelle, Centralisée	Décentralisée, Communautaire
Types de semences	Prébase, Base, Certifiée	Semences contrôlées

6) Normes techniques

- Taux de germination : $\geq$ 80 % (SC[6]), $\geq$ 98 % (certifiées)
- Pureté variétale : $\geq$ 90 % (SC), $\geq$ 99 % (bases)
- Humidité : $\leq$ 13 %
- Semences d'adventices : 0 % (SC) $\leq$ 0,01 % (certifiées)

Les agents de qualité sont des paysans choisis par leurs pairs pour apporter l'appui nécessaire en matière semencière aux coopératives et groupements. Ils sont formés aux techniques de contrôle de qualité et agréés, à cet effet, par le service semencier du Ministère de l'agriculture comme agents de qualité pour le contrôle des semences dans les communautés villageoises. Ils assurent des prestations de services pour le compte de leurs coopératives qui leur paient une indemnité sur une base consensuelle déterminée, de préférence, sur le volume des ventes des récoltes. Ils assurent les fonctions suivantes :

- appui à la production de semences de qualité ;
- contrôle des parcelles semencières ;
- gestion des stocks semenciers ;
- collecte et saisie des données.

[6] *Semences contrôlées*

7) Acteurs et rôles clés

Acteur	Rôle principal
Facilitateur	- Animation participative (CAPE - Cycle d'Apprentissage par l'Expérience, Andragogie), Coordination logistique et pédagogique des ateliers. - Valorisation des connaissances endogènes. - Mobilisation des parties prenantes, Suivi de la qualité des semences et remontée des données vers l'Observatoire.
Paysan agent de qualité (PAQ)	Contrôle des parcelles, Saisie des données CBSS
Technicien agréé (TA)	Supervise PAQ, Valide conformité, Organise certification. Il est sélectionné par ses pairs pour effectuer le suivi des parcelles semencières

8) Conclusion

Le guide du Facilitateur fournit un cadre méthodologique et opérationnel pour renforcer les capacités des communautés paysannes à produire, contrôler et commercialiser des semences de qualité (Budget de culture, Marketing), tout en intégrant des outils numériques pour garantir la transparence et la traçabilité. Le Facilitateur doit en outre aider au développement d'entreprises semencières rurales et à la professionnalisation des coopératives et unions paysannes.

NOTE TECHNIQUE X

Appui à la formation phytosanitaire en riziculture à travers l'approche FORAA (Publié en 2024)

***

1) Contexte général

La riziculture africaine, notamment en zones pluviales et irriguées, fait face à une pression croissante liée aux ravageurs, maladies, adventices et autres bioagresseurs. Ces menaces compromettent la sécurité alimentaire et la durabilité des systèmes de production.

Face à cela, la méthode FORAA - Formation Rapide des Agriculteurs Adultes - se présente comme une approche alternative participative innovante, adaptée aux réalités locales. Elle a été mise au point pour accompagner les agriculteurs dans l'adoption de techniques qui améliorent la qualité de leurs productions, notamment en matière de protection phytosanitaire des semences et des grains. Elle prépare ces derniers à assumer des rôles de leaders favorisant leur autonomie et leur engagement dans la gouvernance agricole.

2) Objectif global

Améliorer durablement la productivité rizicole par le renforcement des capacités phytosanitaires des producteurs et des techniciens.

3) Objectifs spécifiques

- Renforcer les compétences des agriculteurs en reconnaissance et gestion des ravageurs et maladies du riz.
- Mettre en œuvre des pratiques phytosanitaires durables, incluant biopesticides et lutte intégrée.
- Valoriser les savoirs locaux à travers une pédagogie participative et inclusive.

- Réduire les pertes post-récoltes dues aux ravageurs des stocks.
- Sensibiliser les populations rurales sur les dangers liés aux produits chimiques.

4) **Activités**

Planification stratégique des ateliers

Avant le démarrage :

- Visites préliminaires des zones ciblées pour identifier les contraintes spécifiques.
- Cartographie participative des bioagresseurs et des pratiques en cours.
- Sélection des Facilitateurs formés à la sociologie rurale et à la gestion participative.

Calendrier des ateliers

Mois	Activité principale	Durée	Groupe cible	Lieu
Août	Diagnostic participatif & Arbre à problèmes	~5 heures	Agriculteurs & OPA	Village de base
Septembre	Ateliers pratiques *in-situ* (ravageurs champs)	~1 heure / atelier	Techniciens, Agriculteurs	Parcelles rizicoles
Octobre	Ateliers sur maladies fongiques	~1 heure / atelier	Agriculteurs	Centre technique local
Novembre	Formation au stockage des semences Campagne de sensibilisation sur les risques d'intoxication	~1 heure / atelier	Coopératives, Animateur	Magasin communal

Groupes cibles

- Agriculteurs et membres d'organisations paysannes.
- Paysans agents de qualité.
- Techniciens de terrain.

5) **Principes de la FORAA**

- Approche andragogique fondée sur le partage d'expériences entre agriculteurs, techniciens et facilitateurs.
- Intégration de dimensions sociologiques et agroécologiques dans la construction des modules.
- Valorisation des savoirs paysans et promotion d'innovations locales.

6) **Outil méthodologique clé : Arbre à problèmes**

- Identification du problème central : ex. Baisse de rendement du riz.
- Analyse des causes profondes et directes.
- Visualisation des impacts et formulation des objectifs.
- Transformation en Arbre à Objectifs pour une planification stratégique.

7) **Protection phytosanitaire intégrée**

Méthodes de lutte

- Préventive : semis groupés, choix variétal, désherbage anticipé.
- Biologique : parasitoïdes, trichogrammes, extraits végétaux (ex. neem).
- Chimique raisonnée : utilisation de biopesticides et produits homologués.
- Curative : fumigation et traitements en cas d'infestation avérée.

Principaux bioagresseurs ciblés

- Insectes de champs : Termites, Foreurs, Punaises, Chenilles
- Insectes de stocks : *Sitophilus* spp., *Tribolium* spp.
- Maladies du riz : Pyriculariose, Helminthosporiose.
- Autres ravageurs : Rongeurs, Oiseaux granivores, Poissons herbivores.

8) **Conditions de réussite**

- Animation interactive, valorisation de la parole paysanne.
- Utilisation de supports visuels et fiches techniques.
- Enregistrement audio/vidéo pour capitalisation pédagogique.
- Respect des pratiques locales et des dynamiques communautaires.

9) **Résultats attendus**

- R1 : 80 % des agriculteurs ciblés maîtrisent l'identification des principaux ravageurs.
- R2 : Adoption d'au moins 3 techniques de lutte intégrée dans chaque zone.
- R3 : Réduction de 30 % des pertes post-récoltes sur les sites pilotes.
- R4 : Création de 5 brigades villageoises de suivi phytosanitaire.
- R5 : Diffusion de 10 messages radios sur les bonnes pratiques et les intoxications.

10) **Indicateurs de performance**

- Taux de participation et assiduité aux ateliers.
- Nombre de diagnostics phytosanitaires réalisés par les paysans formés.
- Pourcentage d'adoption des biopesticides.
- Volume de semences conservées sans infestation.
- Nombre de cas d'intoxication rapportés et traités.

11) **Moyens nécessaires**

Matériels

- Posters techniques, Fiches illustrées, Insectes en boîte.
- Feuilles grands formats pour Arbre à problèmes.
- Posters et fiches techniques en langue locale.
- Échantillons de ravageurs (photographies ou boîtes entomologiques).
- Enregistreur audio ou caméra pour documentation.

Humains

- Formateurs spécialisés en phytoprotection.
- Facilitateur sociologue rural.
- Techniciens de terrain formés au Cycle d'Apprentissage par l'Expérience (CAPE) et l'Andragogie, qui favorisent l'apprentissage et l'éducation des adultes.

Financiers

- Budget pour impression de supports, location de salle, transport des équipes.
- Fonds pour achat de biopesticides et équipements de protection.

12) **Suivi et évaluation**

Indicateurs de performances

- Nombre d'ateliers réalisés.
- Taux de participation par groupe cible.
- Niveau d'appropriation des pratiques (via Quiz ou Feedback).
- Évolution des rendements ou réduction des pertes post-récoltes.

Outils à utiliser

- Grille d'observations des pratiques améliorées.
- Fiches d'évaluation individuelle post-atelier.
- Cartes de suivi phytosanitaire (présence de ravageurs/maladies).

13) **Intégration locale & pérennisation**

- Mettre en place des brigades villageoises de surveillance phytosanitaire.
- Créer une boîte à images avec les ravageurs et maladies identifiés localement.
- Mobiliser les radios rurales pour diffuser les messages de sensibilisation.
- Organiser une journée communautaire de valorisation des innovations.

14) **Recommandations opérationnelles pour les Facilitateurs**

- Favoriser le CAPE (Cycle d'Apprentissage par l'Expérience) avec des jeux, Anecdotes et Encouragements.
- Prévoir un temps pour le retour d'expériences paysannes à chaque atelier.
- Mettre en place un système de suivi des ateliers et restitutions paysannes.
- Intégrer un module sur la gestion des intoxications phytosanitaires.
- Renforcer la sensibilisation sur les risques liés aux pesticides.
- Encourager la rotation culturale pour limiter les nuisances.

NOTE TECHNIQUE XI

Intégration des trois principaux supports pédagogiques du CBSS

***

Supports pédagogiques du CBSS

- Manuel du Technicien : destiné aux agents de terrain, chercheurs et responsables institutionnels. Approche structurée, technique et institutionnelle.
- Guide du Riziculteur : destiné aux producteurs. Approche pratique, illustrée, centrée sur les gestes et les bénéfices immédiats.
- Guide du Facilitateur : destiné aux animateurs de terrain. Approche pédagogique, centrée sur la conduite des formations participatives.

Objectif de la note technique

Créer un programme de formation intégré et modulaire, aligné sur les rôles et niveaux de responsabilité des acteurs, pour :

- Renforcer les capacités techniques, organisationnelles et pédagogiques.
- Assurer la cohérence entre les pratiques paysannes, les appuis techniques et les politiques semencières.
- Favoriser l'émergence de filières semencières villageoises durables.

Objectifs spécifiques du programme de formation intégré du CBSS

- Renforcer les compétences techniques selon les profils.
- Harmoniser les pratiques et les messages techniques.
- Structurer un dispositif de formation modulaire et progressif.
- Renforcer les capacités organisationnelles des acteurs locaux.
- Favoriser l'émergence et la durabilité des filières semencières villageoises.
- Instaurer une culture de suivi-évaluation et d'amélioration continue.

Plan de formation intégrée

Module	Public cible	Contenu principal	Source
1) Introduction au CBSS	Tous	Historique, enjeux, avantages	Techniciens + Riziculteurs
2) Reconnaissance et production de semences de qualité	Riziculteurs + Techniciens	Critères, récoltes, post-récoltes, conservation	Riziculteurs
3) Diagnostic participatif et mobilisation communautaire	Facilitateurs + Techniciens	Méthodes participatives, animations	Facilitateurs + Techniciens
4) Organisation locale et rôles des acteurs	Tous	Responsabilités, coordination, réseaux	Techniciens
5) Contrôle de qualité et renouvellement	Riziculteurs + Techniciens	Tests de germination et pureté, suivi	Riziculteurs + Techniciens
6) Lutte contre les ravageurs	Riziculteurs	Recettes naturelles, pratiques locales	Riziculteurs
7) Formation et évaluation	Facilitateurs	Conduite d'ateliers, suivi des acquis	Facilitateurs

NOTE TECHNIQUE XII

Principaux manuels de MSA sur les systèmes semenciers traditionnels

***

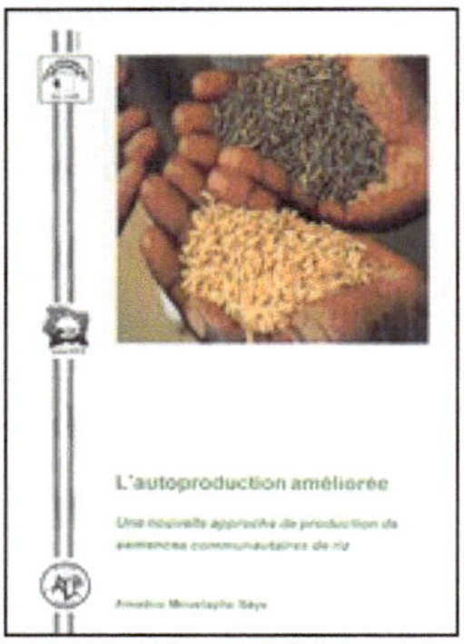

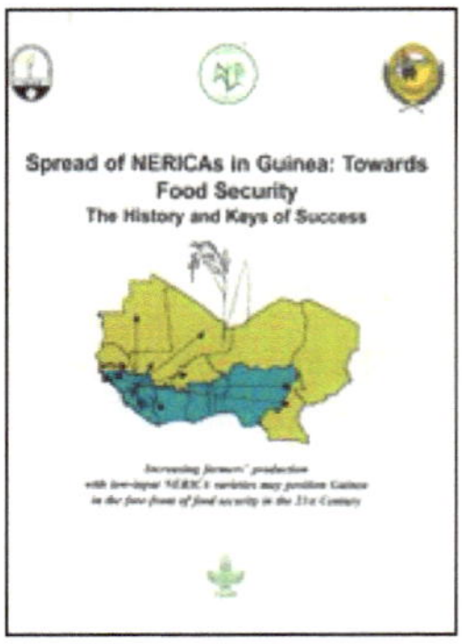

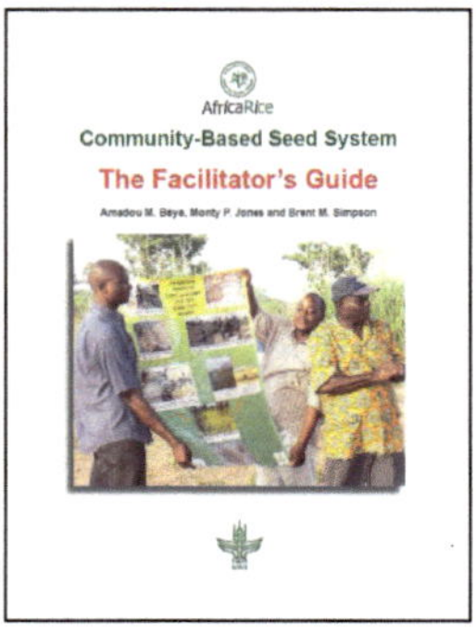

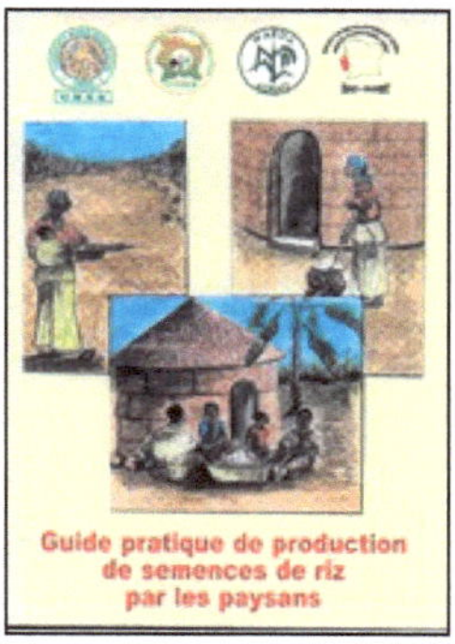

Photo 6 : Groupement de productrices de semences de Zaguiguya, Daloa 2005

PRESENTATION DE MULTI SERVICES AGRICOLES AFRIQUE

***

Multi Services Agricoles Afrique (MSA Afrique) est une société de droit ivoirien engagée dans la réduction de l'insécurité alimentaire en Afrique subsaharienne. Elle fait de l'agriculture un levier de stabilité, de résilience et de création de valeur.

En Côte d'Ivoire, MSA Afrique intervient dans trois zones stratégiques : Fadiadougou au Nord (MontageGold), Lafigué au Centre (Endeavour SML) et Ity à l'Ouest (Endeavour SMI). Ces territoires, marqués par l'orpaillage clandestin et une forte vulnérabilité socio-économique, nécessitent des alternatives durables.

L'approche de MSA Afrique repose ici sur un accompagnement structuré, personnalisé et appuyé par des outils digitaux — semence.org et remugol.com. Des enquêtes socio-économiques permettent d'identifier les besoins, de définir des objectifs de production adaptés et de déployer des mesures d'appui ciblé : aménagements, infrastructures, intrants, équipements, soutiens financiers et formations pratiques.

Cette démarche intégrée contribue à bâtir des systèmes agricoles durables, inclusifs et créateurs d'opportunités au service des populations.

www.ingramcontent.com/pod-product-compliance
Lightning Source LLC
LaVergne TN
LVHW051130210926
848482LV00001B/49